제발돼라

145만 구독자를 보유한 생물 관찰 크리에이터예요. 사마귀, 벌, 나비 같은 곤충부터 포유류와 양서류까지 우리 주변에서 볼 수 있는 다양한 생물을 관찰하는 재미있고 유익한 콘텐츠를 만들고 있답니다. 제발돼라를 상징하는 '친구가 되는 과정' 시리즈는 각 곤충에 대한 풍부한 정보를 담고 있어, 곤충 탐구 길라잡이로 손색이 없다는 평을 듣고 있어요. 이제 유튜브 채널을 넘어 도서를 통해 생물에 대한 무한한 관심과 애정, 그리고 지식을 대중에게 알리고자 해요.

초판 1쇄 인쇄 2024년 9월 12일
초판 1쇄 발행 2024년 9월 30일

발행인 심정섭
편집인 안예남
편집팀장 이주희
편집 김정현, 이제
제작 정승헌
브랜드마케팅 김지선, 하서빈
출판마케팅 홍성현, 김호현
디자인 design S
본문구성 덕윤 웨이브

인쇄처 에스엠그린
발행처 ㈜서울문화사
등록일 1988년 2월 16일
등록번호 제2-484
주소 서울시 용산구 새창로 221-19
전화 02-799-9184(편집) | 02-791-0708(출판마케팅)

사진출처 셔터스톡 60쪽, 61쪽, 98쪽, 99쪽, 136쪽, 137쪽, 164쪽, 165쪽, 166쪽, 167쪽, 169쪽

ISBN 979-11-6923-326-2
ISBN 979-11-6923-275-3 (세트)

ⓒ 제발돼라 PleaseBee. All Rights Reserved.

※ 본 제품은 ㈜서울문화사에서 제작, 판매하므로 무단 복제 및 판매를 금합니다.
※ 잘못된 제품은 구입처에서 교환해 드립니다.

호기심을 해결하는 곤충 관찰 캡쳐북

제발돼라
엉뚱한 곤충 사전 ③

원작 제발돼라
그림 김기수

서울문화사

차례

프롤로그 8

1장 낯설지만 특별한 곤충들

1화 쏘이면 엄청 아프다는 **송장헤엄치개**의 비밀 16
- 장구벌레 100마리를 주면? 29

2화 100℃ 폭탄을 쏘는 **폭탄먼지벌레**의 별명은? 34

3화 타란툴라 부럽지 않은 **황닷거미** 키우기 48

제발대라 **지식 쑥쑥** 곤충 사전 60
초등 과학 3-2 동물의 생활

2장 곤충들의 생로병사

4화 장수풍뎅이 장풍이와 소풍이의 짝짓기 64
- 키돌이와 라임이의 조심스러운 만남 70

5화 넓적배사마귀 스라크 주니어 탄생 76
- 사마귀 알 속 그것의 정체는? 81
- 아기 사마귀 구조대 출동! 85

6화 개미가 동료의 죽음을 목격하면? 88

제발대라 **지식 쑥쑥** 곤충 사전 98
초등 과학 5-2 생물과 환경

3장 제발돼라가 만난 곤충들

- **7화** 매미의 우화를 지켜보면 생기는 일 102
- **8화** 다리 하나가 없는 넓적배사마귀와 만난다면? 116
  - 초거대 왕사마귀의 등장! 119
- **9화** 위기에 빠진 꿀벌을 구조하려면? 124
  - 등검은말벌 독침 관찰기 130
- 제발돼라 지식 쑥쑥 곤충 사전 136
  <small>초등 과학 3-2 동물의 생활</small>

4장 다양한 친구들의 등장

- **10화** 느릿느릿 달팽이 관찰하기 140
- **11화** 새집으로 이사하는 깜찍이 햄스터 148
  - 햄스터가 귀뚜라미를 만나면? 153
- **12화** 병아리 그레이의 닭 성장기 156
  - 그레이 vs 망고, 슈퍼 밀웜 쟁탈전 161
- 제발돼라 지식 쑥쑥 곤충 사전 164
  <small>초등 과학 5-1 다양한 생물과 우리 생활</small>

- 제발돼라 곤충 정보 왕 166
- 제발돼라 곤충 퀴즈 왕 168

프롤로그
화니의 파트너는 누구?

까꿍! 내가 누군지 알아?

나는 물에 사는 송장헤엄치개야.

폭탄먼지벌레의
무시무시함도 보여 주지~!

황닷거미의 매력에 빠질
준비됐니?

1화 쏘이면 엄청 아프다는 송장헤엄치개의 비밀

오늘은 새로운 곤충을 만나기 위해 개울가를 찾았어요.

그러다 물가의 포식자를 만났어요. 이 친구는 바로 송장헤엄치개랍니다.

안녕!

→ 송장헤엄치개

특이하게도 배를 보이고 누운 채 헤엄을 치기 때문에 붙은 이름이에요.

송장헤엄치개는 두 개의 긴 뒷다리를 이용해 빠르게 헤엄쳐요.

가만히 누워 있다가도 순식간에 사라지기 때문에 주의 깊게 봐야 해요.

따라올 테면 따라와 봐!

놓치면 다시 찾기가 어렵겠구나.

어떤 사냥감도 한번 잡히면 빠져나올 수 없는데,

그 이유는 바로 다리 끝에 있어요.

다리 끝부분을 잘 보면 뾰족하게 생겼죠?

이 부분이 갈고리 역할을 해서 송장헤엄치개에게 잡히면 빠져나오는 것이 거의 불가능하답니다.

꽈 악

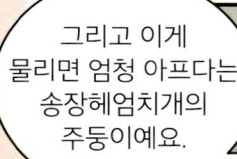

그리고 이게 물리면 엄청 아프다는 송장헤엄치개의 주둥이예요.

이 주둥이로 소화액을 분비해서 사냥감의 내장을 녹인 다음 빨아 먹는다고 하는데요,

소화액 때문에 사람도 물리면 3~4일 정도 통증이 지속된다고 해요.

쪽 쪽

집게를 내미니까 집게에 매달리네요.

쇠로 된 집게에도 주둥이를 꽂으려 하고 있어요.

이것도 먹는 건가?

송장헤엄치개는 무엇이든 다리에 잡히면 주둥이를 꽂는 습성이 있는 것 같아요.

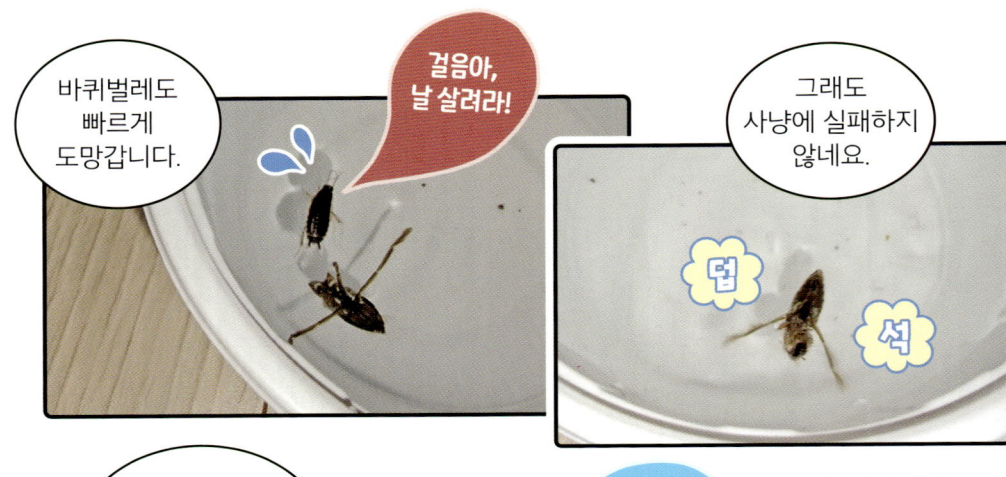

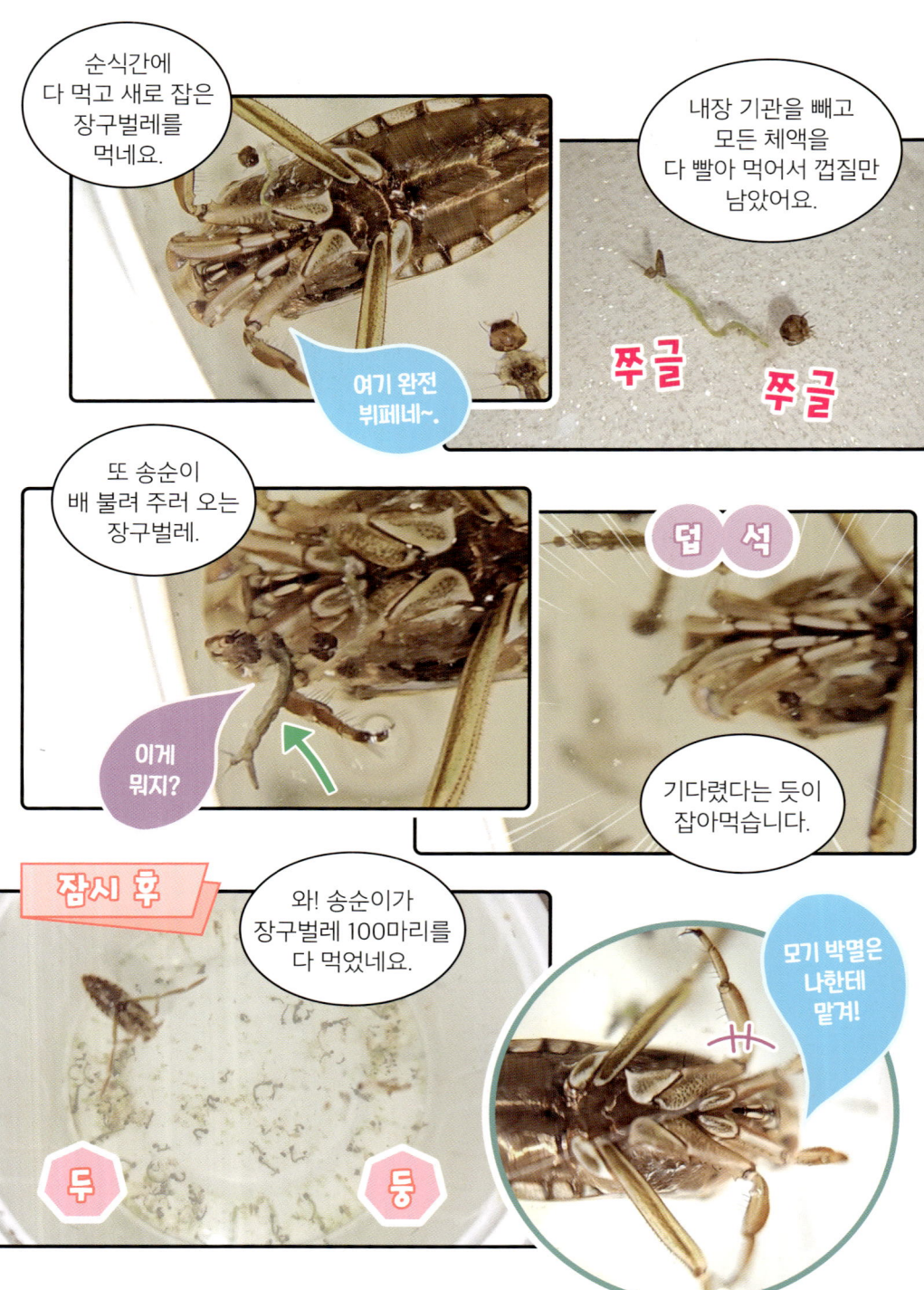

no. 001

BASIC ★☆☆

송장헤엄치개
Notonecta triguttata Motschulsky

분류	노린재목 송장헤엄치갯과
크기	몸길이 약 11~14mm
먹이	어린 물고기나 올챙이, 물 위에 떨어진 곤충들
서식지	웅덩이, 연못, 늪 같은 고인 물

특징

송장처럼 누워서 헤엄을 치기 때문에 송장헤엄치개라고 부른다.
어른벌레의 몸길이는 11~14mm 정도이고, 굵은 원통형의 몸을 가지고 있다. 몸은 회갈색에 검은 무늬가 있고, 등에는 날 수 있는 날개도 있다. 앞다리는 갈고리 모양으로 되어 있고, 긴 뒷다리에는 털이 나 있어서 헤엄치기 좋다. 날카로운 발톱이 있는 갈고리 같은 앞발로 먹이를 잡아 체액을 빨아 먹는다. 맨손으로 잡으려고 한다면 주둥이에 찔릴 수 있기 때문에 조심해야 한다. 주로 산속 물이 고인 곳이나 연못, 저수지 등에 산다.
한국, 중국, 일본, 러시아에 분포한다.

2화 100°C 폭탄을 쏘는 폭탄먼지벌레의 별명은?

이번에 소개할 친구는 폭탄먼지벌레예요.

위험을 느끼면 독가스를 발사한다고 해요.

오늘부터 1일이다?

정말 독가스를 발사하는지 집게로 눌러 볼게요.

꾸욱

꽁무니를 움직이긴 했지만 아무것도 안 나왔어요.

쌩~

아직 다 보여 줄 순 없지.

그런데 그만 오줌을…!

우리가 보고 싶은 건 오줌이 아니고 독가스란다….

초면에 이건 좀 쑥스럽군.

"이건 단순한 독가스가 아니라 무려 100℃가 넘는 뜨거운 가스예요."

"함부로 건드리면 다쳐!"

폭탄먼지벌레의 독가스

폭탄먼지벌레는 위험을 느끼면 독가스를 내뿜은 뒤, 재빨리 탈출해요. 폭탄먼지벌레의 항문 주변에는 독가스를 만들어 낼 수 있는 분비샘이 있어요. 이곳에서 만들어진 독가스는 독한 산성 물질이라 사람 피부에 닿으면 살이 붓거나 다칠 수 있답니다. 폭탄먼지벌레보다 덩치가 큰 쥐나 두꺼비도 독가스 공격을 받으면 도망친다고 해요.

"독가스는 한 번 쏜 뒤에도 여러 번 발사할 수 있어요."

"또?!"

꾸욱

"항문 방향을 틀어서 목표물 조준도 가능하고, 약 60cm까지 발사할 수도 있대요."

"정말 대단하죠?"

"폭탄먼지벌레의 몸속에는 두 개의 방이 있는데,"

"이곳에서 서로 다른 화학 물질을 만들어요."

"하지만 위협을 느끼면 두 물질이 섞여"

"고온의 독성 물질을 만들어 낸다고 해요."

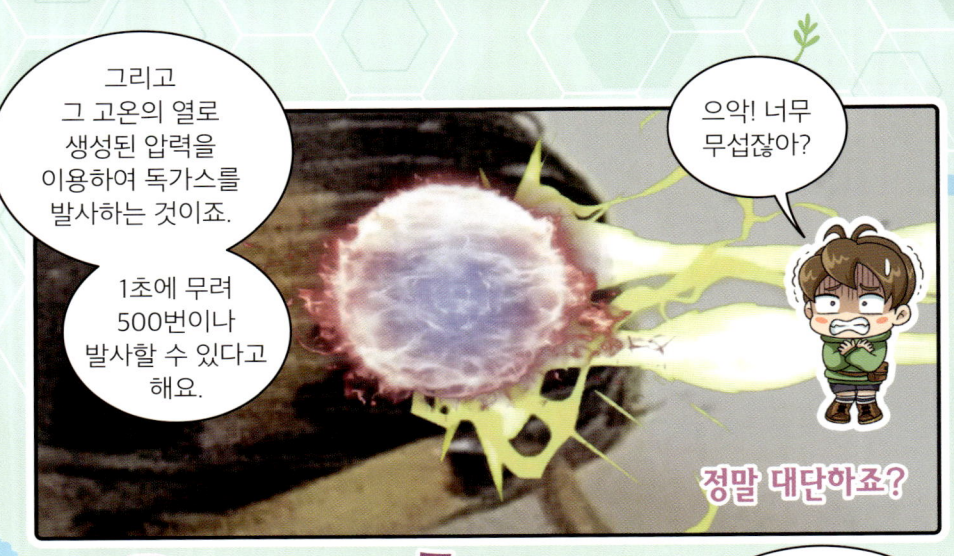

내가 제일 좋아하는 밀웜~.

폭탄먼지벌레의 독가스는 앞뒤, 위아래, 양옆까지 조준이 가능해요.

자기가 쏜 가스에 맞아도 멀쩡하네요.

독가스를 맞은 앞다리

어느 정도의 *내성을 갖고 있어 두꺼운 등껍질 뿐만아니라 몸 전체가 괜찮은 것 같아요.

내 독에는 안 당해!

심지어 발사하는 기관은 열이 식도록 되어 있어 자신은 화상을 입지 않는다고 해요.

*내성: 독성 물질에 대해 자연적으로 갖추고 있는 저항력.

방금 뿡뿡이가 독가스를 발사한 곳인데,

시간이 지나니까 검게 그을음이 생겼어요.

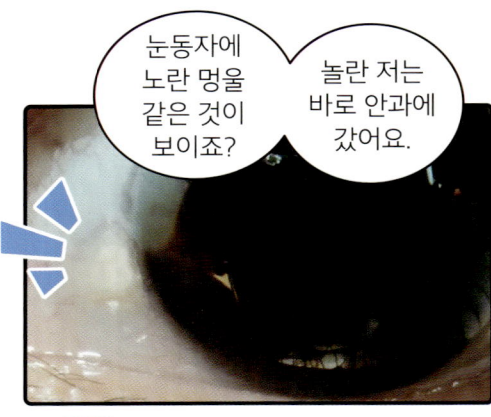

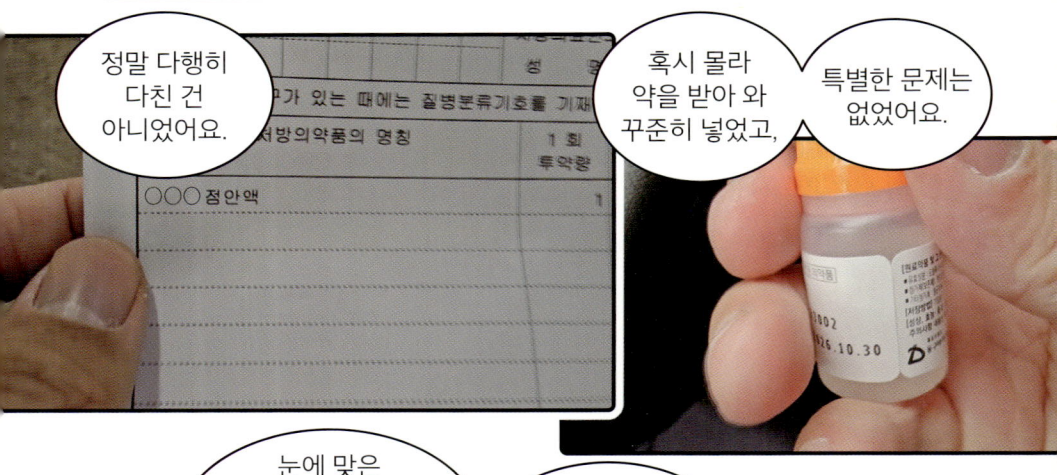

no. 002

BASIC ★★★

폭탄먼지벌레

Pheropsophus jessoensis

분류	딱정벌레목 딱정벌렛과
크기	몸길이 약 11~18mm
먹이	잡식성
출현 시기	5월~9월
서식지	호수나 개천 등 습기가 많은 땅

특징

폭탄먼지벌레의 가장 큰 특징은 위협을 느꼈을 때 항문의 분비샘에서 독가스를 쏜다는 점이다. 이 때문에 방귀벌레라고도 부른다. 독가스는 산성 물질이라 사람 피부에 닿으면 따가움을 느낄 수 있어서 조심하는 게 좋다.

몸 색깔은 대체로 검은색에 노란 무늬가 있고, 머리와 가슴 부분은 대부분 노란빛을 띤다. 어른벌레는 습기가 많은 땅에 사는데, 애벌레일 때는 땅속에 산다. 낮에는 낙엽이나 돌 아래에 숨어 있다가 밤이 되면 활동을 시작한다. 잡식성으로 여러 가지 해충을 잡아먹기도 하고, 썩은 고기도 잘 먹는다. 주로 한국, 중국, 일본에 분포한다.

3화 타란툴라 부럽지 않은 황닷거미 키우기

오늘 소개할 친구는 바로…!

두근 두근

황닷거미입니다!

다들 이 몸을 만날 준비가 됐냐?

슬쩍

거미는 생활 습관에 따라 분류를 해요. 그중 황닷거미는 배회성 거미에 속하지요.

황닷거미

나는 배회성 거미!

생활 습관에 따른 거미의 분류

· 정주성 거미: 한곳에 정착해서 거미줄을 치고 생활하는 거미를 말해요. 나무나 풀잎 사이, 건물의 구석 등에 거미줄을 치고 먹이가 잡히기를 기다리지요.
· 배회성 거미: 한곳에 머물지 않고 돌아다니는 거미를 말해요. 보통 개울이나 수풀 사이를 배회하며 사냥하지요. 돌아다니기 때문에 다리가 발달했고, 시력도 좋답니다.

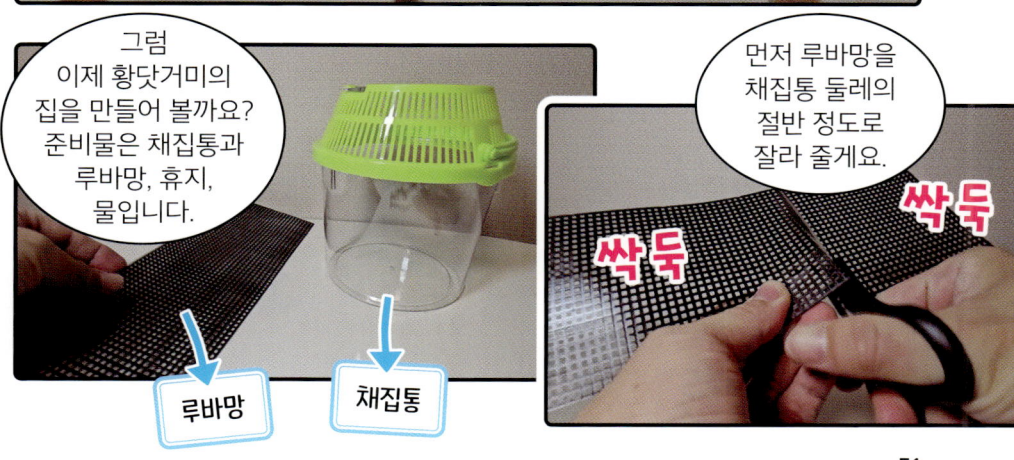

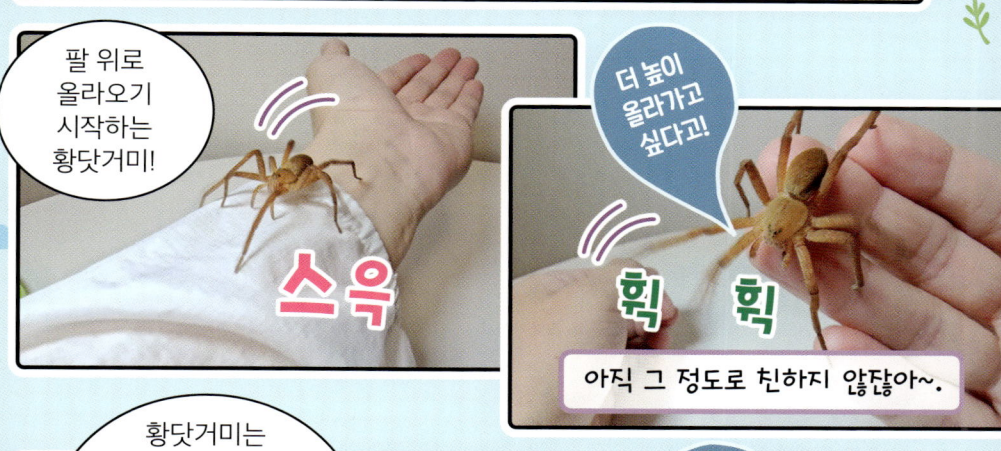

no. 003

BASIC ★★★

황닷거미
Dolomedes sulfureus

분류	거미목 닷거미과	크기	몸길이 약 20~28mm
먹이	작은 곤충이나 물고기		
출현 시기	6월~9월	서식지	풀숲 또는 물가

특징

어두운 노란색이나 밝은 갈색을 띠는 황닷거미는 다리를 제외한 몸길이가 약 20~28mm로, 암컷이 수컷보다 크다. 개체에 따라 붉은색, 회색 등 색이나 무늬 변이가 심한 편이다. 여덟 개의 눈을 가지고 있고, 네 쌍의 다리 이외에 입 옆에 짧은 다리처럼 생긴 더듬이다리가 있다. 수컷의 더듬이다리는 생식 기관의 역할을 하기도 한다.

황닷거미는 배회성 거미라 거미줄을 치지 않고 풀숲이나 나무 위, 물가를 다니면서 작은 물고기나 곤충을 잡아먹는다.

주로 한국, 중국, 일본에 분포하며 우리나라는 전 지역에서 관찰할 수 있다.

제발돼라 | 지식 쑥쑥 곤충 사전 | Q & A

물에 사는 곤충은 무엇이 있을까요?

초등 과학 3-2 동물의 생활

우리가 곤충을 자주 만나는 곳은 어딜까요? 보통은 산이나 숲, 들판 같은 땅에서 자주 만날 수 있어요. 하지만 물에 사는 곤충도 많아요. 물에서 생활하는 곤충을 수서 곤충 또는 수생 곤충이라고 하는데 잠자리목, 하루살이목, 딱정벌레목, 파리목 등 종류도 많답니다. 수서 곤충은 먹는 것도 초식, 육식, 잡식으로 다양해요. 최근에는 물이 오염되어 수서 곤충의 개체 수가 많이 줄어들고 있다고 해요.

그러면 지금부터 수서 곤충에는 어떤 곤충이 있는지 알아볼까요?

Q 평생을 물에서 사는 곤충은?

A 수서 곤충 중에는 알에서부터 애벌레, 번데기, 어른벌레가 되기까지 평생을 물에서 사는 곤충이 있어요. 이런 수서 곤충은 채집해서 어항에서 키울 수도 있어요. 어른벌레가 되어서도 물에서 생활하는 수서 곤충에는 배를 위로 하고 물에 떠서 헤엄치는 송장헤엄치개, 긴 꼬리에 호흡관이 있는 게아재비, 검은색 몸에 녹색 광택이 나는 물방개, 노린재목에서 가장 크다고 하는 물장군 등이 있어요. 물속의 산소를 이용해 호흡하는 수서 곤충도 있고, 호흡하기 위해 물 위로 떠오르는 수서 곤충도 있어요.

게아재비

물방개

흥미 팡팡 곤충 이야기

Q 평생의 일부분만 물에서 사는 곤충은?

A 평생을 물에서 사는 수서 곤충과 달리, 애벌레나 번데기 시기까지는 물에서 생활하다가 어른벌레가 되면 물을 떠나는 수서 곤충도 있어요. 하루살이나 잠자리, 일부 반딧불이 같은 곤충이 바로 이런 경우이며, 이와 같은 곤충을 반수서 곤충 또는 반수생 곤충이라고 한답니다. 잠자리는 물에 알을 낳고, 애벌레일 때도 물에서 생활해요. 물속에서 생활할 때는 꼬리아가미로 호흡하고, 올챙이나 작은 물고기를 잡아먹고 살지요. 그러다 물 위로 올라와 허물을 벗고 하늘을 날아요.

물속에서 생활하는 잠자리 애벌레

물 밖에서 생활하는 잠자리

흥미 팡팡 곤충 이야기

소금쟁이는 수서 곤충일까요?

물이 느리게 흐르는 곳에서는 다양한 곤충을 만날 수 있어요. 소금쟁이는 부드러운 방수 털 덕분에 물 위에서 작은 파장을 일으키며 미끄러지듯 움직여요. 몸통은 가늘고 긴 원통형이고, 몸길이가 11~16mm 정도예요. 소금쟁이는 물에서 생활하지만 물속이 아닌 물 위에 떠서 생활하죠. 심지어 가끔 물가의 돌 위에 올라가 쉬기도 한답니다. 물속에 있다가 숨을 쉬기 위해 물 위로 올라오는 곤충이나 실수로 물에 떨어진 곤충 등의 체액을 먹고 사는 소금쟁이는 수서 곤충에 속해요. 대부분 물 위에서 생활하기 때문에 반수서 곤충 또는 반수생 곤충이라고 하는 게 더 정확하겠네요.

이 사랑싸움에선 내가 이겨!

에헴! 저리 좀 가 줄래?

응애! 응애!
내가 일등으로 나온 사마귀야.

죽은 친구를 이대로 둘 수 없어.
엉엉!

2장
곤충들의 생로병사

4화 장수풍뎅이 장풍이와 소풍이의 짝짓기

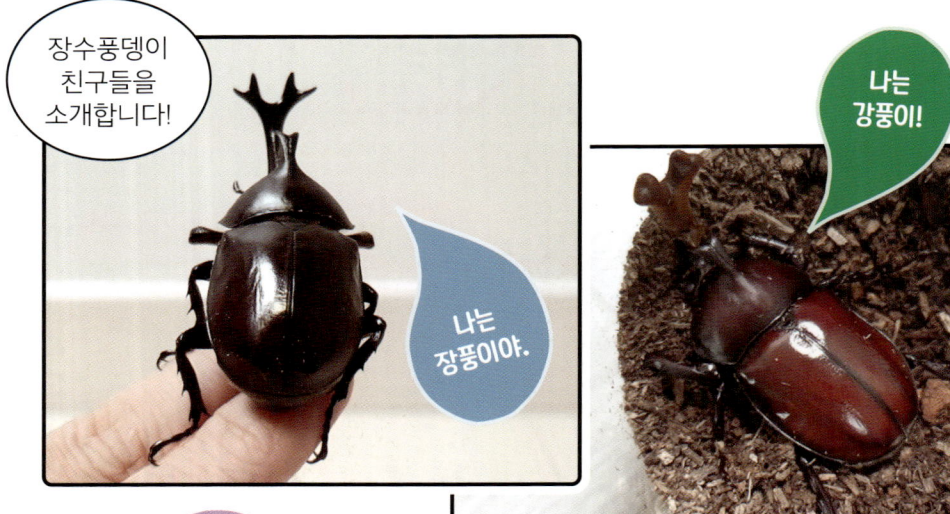

"암컷의 페로몬에 수컷 사마귀의 꽁무니가 반응해요."

파르르

"드디어 키돌이가 짝짓기를 시도하네요."

파바밧

"키돌이가 계속해서 움직입니다. 그런데 이런 행동은 매우 위험해요."

"야생 사마귀였다면, 라임이는 바로 키돌이를 공격했을 거예요."

꿈틀 꿈틀

"짝짓기 중 암컷이 수컷을 잡아 먹는 경우가 많기 때문에 짝짓기는 특히나 신중해야 하죠."

수컷을 먹고 있는 암컷!

사마귀의 짝짓기

보통 사마귀는 암컷이 수컷보다 커요. 짝짓기를 하는 도중이나 하고 난 후, 수컷은 암컷에게 잡아먹히는 일이 많아요. 암컷은 알을 더 잘 낳기 위해 영양분이 필요하거든요. 그래서 수컷도 가리지 않고 잡아먹어요. 심지어 수컷은 짝짓기 도중 머리를 먹히기도 하는데, 그래도 짝짓기를 쉬지 않아요.

"과연 라임이와 키돌이가 짝짓기를 잘했을까요?"

no. 004

GROW ★★☆

장수풍뎅이
Allomyrina dichotoma

분　　류	딱정벌레목 풍뎅잇과		
크　　기	몸길이 약 30~85mm	먹　　이	오래된 나무의 진
출현 시기	7월~9월	서 식 지	낙엽 활엽수림

특징

몸길이가 약 30~85mm 정도로 대형 딱정벌레에 속한다. 몸은 길쭉한 타원형이고, 윤이 나는 검은색이나 갈색이다. 수컷은 뿔이 있고, 암컷은 뿔이 없다. 수컷 장수풍뎅이는 힘이 세서 자기 몸무게의 50배가 넘는 물건을 끌거나 들 수 있다. 싸움 상대도 가리지 않아서 사슴벌레나 장수말벌도 뿔로 들이받거나 들어 올려서 던져 버린다.

장수풍뎅이는 썩은 나무나 퇴비에 알을 낳는다. 애벌레는 땅속에서 겨울을 나고, 번데기가 되었다가 어른벌레로 자라면 땅 위로 나온다. 주로 참나무 숲을 서식지로 삼고, 오래된 나무의 진을 먹으며 산다. 낮에는 쉬고 밤에 활동하는 야행성이다.

한국, 일본, 중국, 타이완, 인도차이나 등에 분포한다.

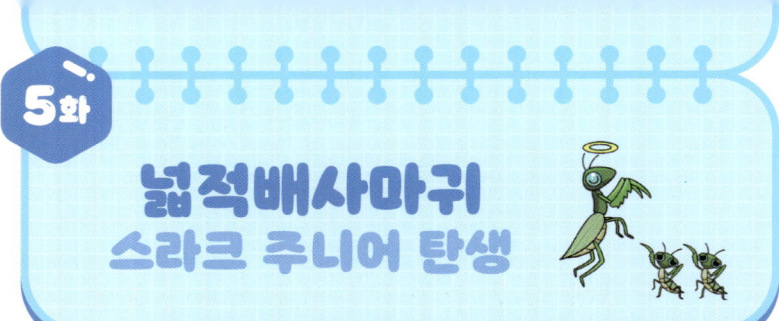

분해해 보는 사마귀 알

사마귀 알에서 탈피를 했는지, 이 벌레의 탈피 껍데기가 상당히 많이 있네요.

이 안에는 도대체 얼마나 많은 벌레가 살고 있을지 궁금해졌어요.

우글 우글

사마귀 알 속에 살고 있었던 벌레는 사마귀수시렁이라고도 불리는 굵은뿔수시렁이였어요.

수시렁이 암컷은 사마귀 알에 산란관을 꽂고 알을 낳고, 사마귀 알에서 *기생하며 살아가요.

굵은뿔수시렁이

굵은뿔수시렁이는 사마귀의 천적이에요. 사마귀 알집에 알을 낳아서 기생하지요. 사마귀 알집에서 부화한 굵은뿔수시렁이의 애벌레는 알집 속을 파먹으며 성장해요. 그래서 사마귀 알이 부화할 수 없도록 만들지요.

*기생: 서로 관계를 맺지만, 어느 한쪽이 일방적으로 이익을 얻는 관계.

알에서 부화한 애벌레들은 사마귀 알과 알집을 먹으며 성장해요.

수시렁이에게 한번 당하면 수십에서 수백 마리의 사마귀가 태어나지도 못하고 사라진답니다.

사마귀에게는 제일 무서운 적이네.

무시무시한 굵은뿔수시렁이!

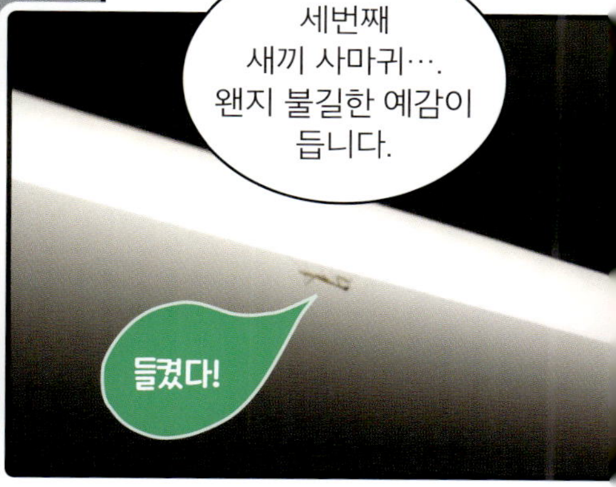

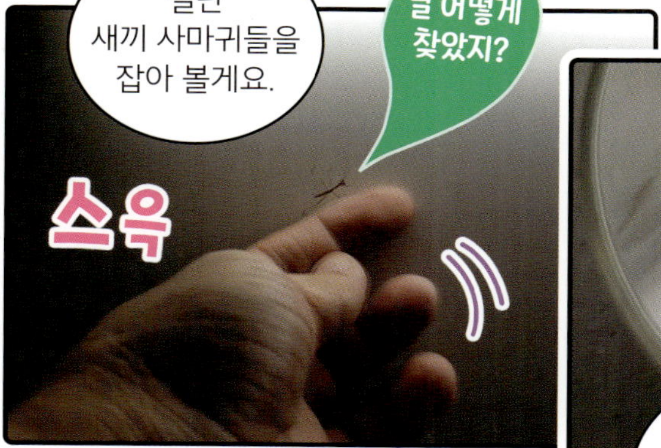

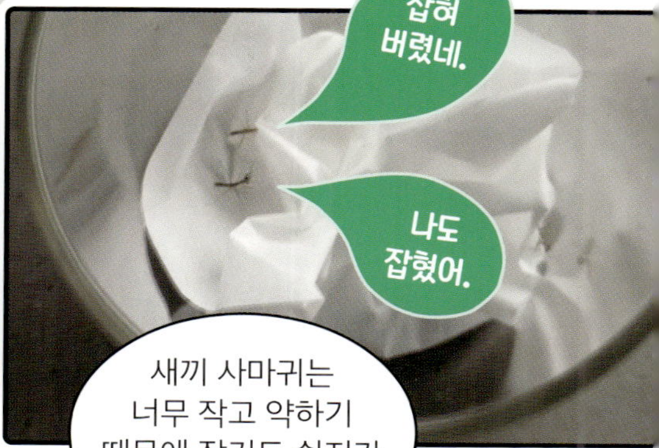

6화 개미가 동료의 죽음을 목격하면?

제가 키우는 개미에게 초파리를 줬더니

초파리가 도망가지 못하도록 다리를 꽉 물어 버리네요.

→ 초파리

요놈 맛있겠다!

개미는 그 길로 개미집으로 돌아가 초파리의 체액을 빨아 먹었어요.

준비됐지?

개미의 영양 교환

사회성이 있는 곤충 중에서는 먹이를 입으로 옮겨 주는 곤충이 있어요. 개미는 먹이를 다른 개미에게 전달하는 것으로 무리 간에 결속력도 다지고, 정보를 전달하기도 해요. 개미뿐만 아니라 벌도 어른벌레가 애벌레에게 먹이를 주는 행동을 한답니다.

개미들은 식사가 끝나면 영양 교환을 합니다.

위에 있는 개미가 영양을 주는 쪽, 아래에 있는 개미가 영양을 받는 쪽인 것 같아요.

그럼~!

함께 사는 개미들의 세계!

다음 날

개미집 한쪽을 보니 개미 한 마리가 죽어 있어요.

무슨 일이 있었던 걸까요?

갑작스럽게 죽은 일개미 한 마리

곰팡이는 개미들에게 치명적인데, 아래쪽에 하얀 건 곰팡이가 아니에요.

습도 조절을 위해 화장 솜에 물을 적셔서 먹이 탐색장에 뒀는데, 개미들이 화장 솜을 뜯어서 집으로 가져가더라고요.

화장 솜

이 개미가 죽은 정확한 이유는 모르겠어요. 수명이 다한 걸까요?

가끔 이렇게 갑자기 죽는 개미가 있다고 해요.

그나마 다행인 건 그 뒤로 더 이상 갑자기 죽은 개미가 없었단 거예요.

저는 이 죽은 개미를 먹이 탐색장 밖에 뒀어요.

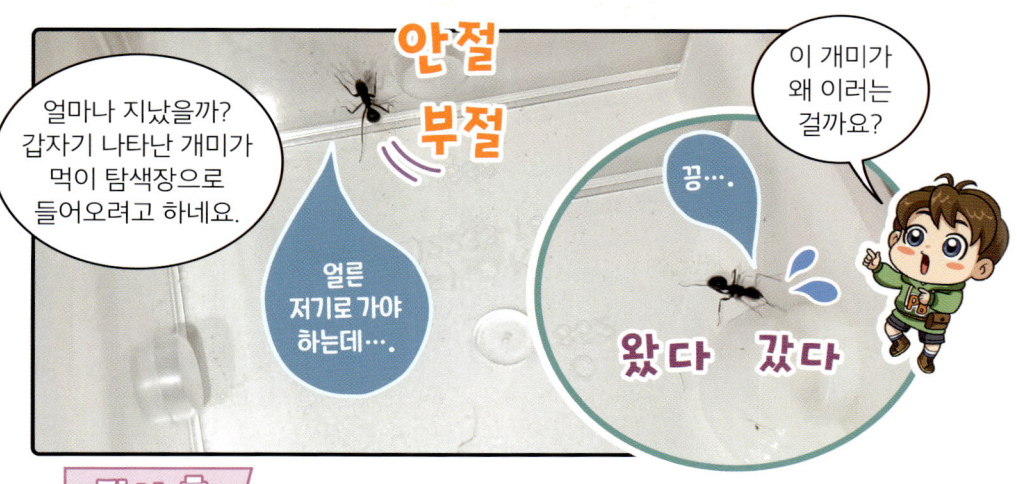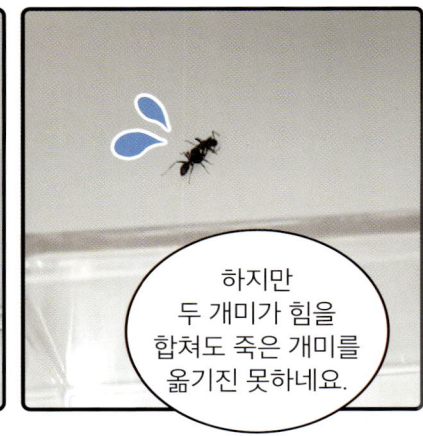

알고 보니 죽은 개미의 체액을 빨아 먹는 거네요.

이러한 행동은 개미의 세계에서는 매우 자연스러운 일이에요.

죽은 동족을 먹는 모습이 끔찍해 보일 수도 있어요. 하지만 대부분의 개미는 죽은 개미를 먹는다고 해요.

잠시 후

죽은 개미는 어떻게 됐을까요?

몸통이 두 동강이 나 있어요.

개미들은 죽은 개미를 해체해서 쓰레기장에 버린다고 해요.

더 이상 먹을 게 없어서 버린 것 같아요.

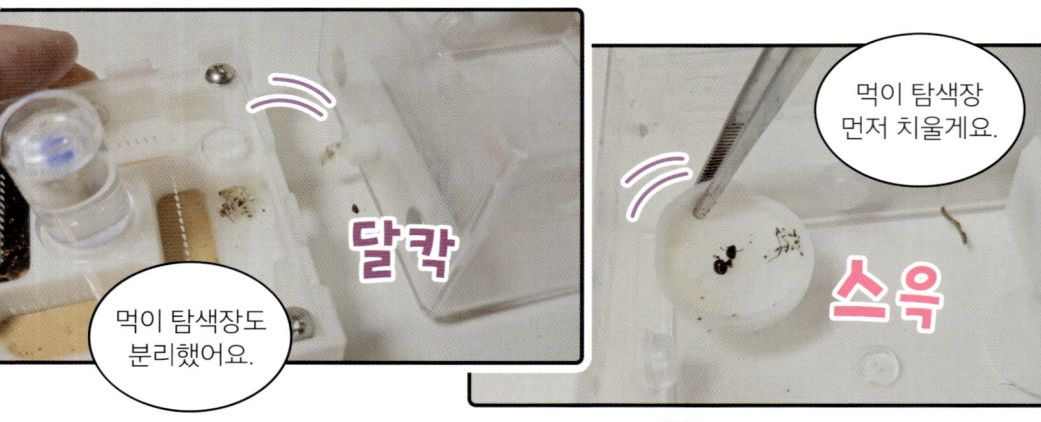

딱정벌레는 어떤 곤충일까요?

초등 과학 5-2 생물과 환경

우리 주변에 보이는 곤충 가운데는 딱딱한 갑옷을 입은 곤충들이 있어요. 이런 곤충을 딱정벌레라고 해요. 한자어로는 갑충(甲蟲)이라고도 부르지요. 딱정벌레는 그 이름처럼 딱딱한 날개로 몸을 보호할 수 있어요. 전체 곤충의 30~40% 정도를 차지할 정도로 흔한 곤충이에요.
딱정벌레는 곤충강 딱정벌레목의 곤충을 모두 가리키는 말이에요. 또 전 세계에 두루 분포해 있지요. 몸 색깔은 검은색, 적갈색, 붉은색, 초록색 등 다양한데, 금속 같은 광택이 나는 곤충도 있어서 마치 갑옷을 입은 것처럼 보이기도 해요.
그러면 지금부터 딱정벌레는 어떤 곤충인지 더 자세히 알아볼까요?

Q 지구를 청소하는 딱정벌레?

A 딱정벌레는 2억 4천만 년 전부터 번성했다고 해요. 극지방은 물론, 열대 지방이나 사막에 이르기까지 전 지구가 딱정벌레의 서식지예요. 딱정벌레는 동물의 배설물이나 죽은 나무, 죽은 동물의 살점까지 먹어 치운답니다.
지난 2004년, 영국 자연사 박물관에서는 선사 시대 뼈를 온전히 보존하기 위해 뼈에 남아 있는 살점을 제거해야 했어요. 이때, 뼈에 손상을 입히지 않고 깨끗하게 살점을 제거하는 데 딱정벌레를 이용했지요.
딱정벌레의 한 종류인 무당벌레는 진딧물을 먹어서 식물의 성장에 도움이 되기도 한답니다.

소, 말 등의 똥을 이용하는 소똥구리

진딧물을 먹는 무당벌레

흥미 팡팡 곤충 이야기

Q 범죄 수사를 돕는 딱정벌레?

A 사람이 죽었을 때 사망 시간을 알아내는 일은 사건을 해결하는 데 정말 중요한 일이에요. 사건이 일어난 현장에서 시신이 발견되면, 시신 주변에 어떤 곤충이 있는지를 보고 사망 시간을 추정할 수 있거든요. 곤충이 시신에 가장 먼저, 가장 많이 모여들기 때문이에요.

가장 먼저 시신에 모여드는 곤충은 파리예요. 그리고 송장벌레와 같은 딱정벌레들이 모여들어요. 그 다음은 개미나 말벌 같은 곤충이 모여들지요. 온도와 습도에 따라 상황은 달라질 수 있지만, 어떤 곤충이 있는지 알면 사망 시간을 더 정확하게 파악할 수 있답니다.

송장벌레

흥미 팡팡 곤충 이야기

스스로 몸에서 빛을 내는 딱정벌레가 있다고요?

캄캄한 숲에 작은 전구를 켜 놓은 것처럼 반짝반짝 빛을 내는 곤충이 있어요. 마치 동화 속 숲속에 온 것 같은 기분이 들게 하는 불빛의 정체는 바로 반딧불이랍니다. 반딧불이는 개똥벌레 또는 불벌레라고도 불러요. 딱정벌레목에 속하고, 몸길이는 4~20mm 정도예요. 배 끝의 마디에 발광 세포가 있어서 빛을 낼 수 있지요. 반딧불이가 빛을 내며 날아다니는 것은 짝을 찾기 위해서예요.

스스로 빛을 내는 신기한 곤충이라 고사성어에도 등장해요. 가난한 사람이 반딧불과 눈이 반사되는 빛으로 공부를 한다는 뜻의 '형설지공(螢雪之功)'에서 '형(螢)'이 바로 반딧불이를 뜻하지요.

반딧불이는 주로 하천에 살면서 이슬을 먹는데, 우리나라에서는 환경 오염으로 찾아보기 어려워졌어요.

3장
제발 돼라가 만난 곤충들

7화 매미의 우화를 지켜보면 생기는 일

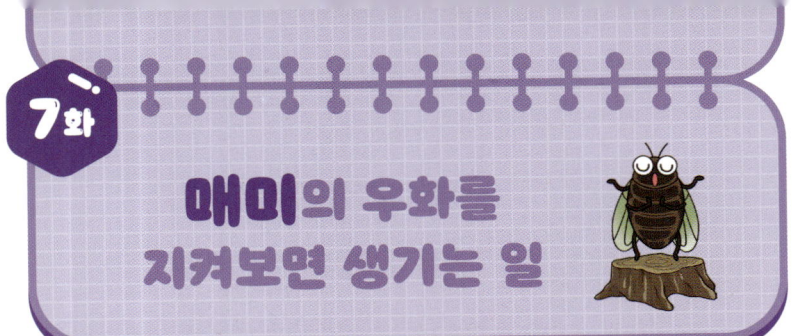

매미는 제가 가장 좋아하는 곤충 중 하나예요.

매미를 잡으려고 잠자리채 하나와 곤충 채집통 하나를 들고 종일 돌아다니기도 했죠.

시골집 앞에서 신나게 울고 있는 매미 한 마리를 발견했어요.

조심조심 매미가 놀라지 않게 다가가서~!

오늘은 매미를 잡아 보려고 해요.

그런 하루가 너무 행복했었다는 생각을 하며

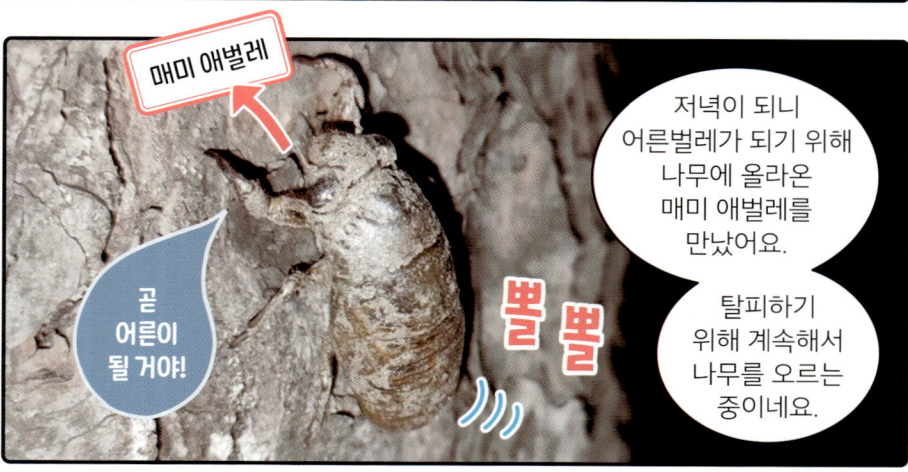

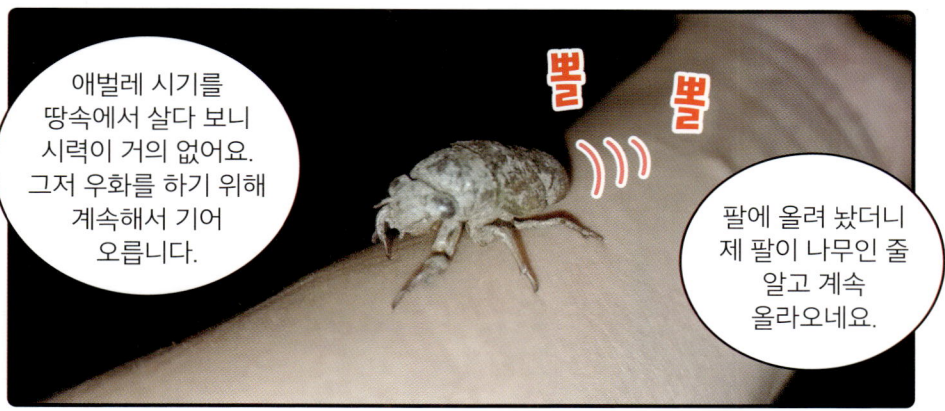

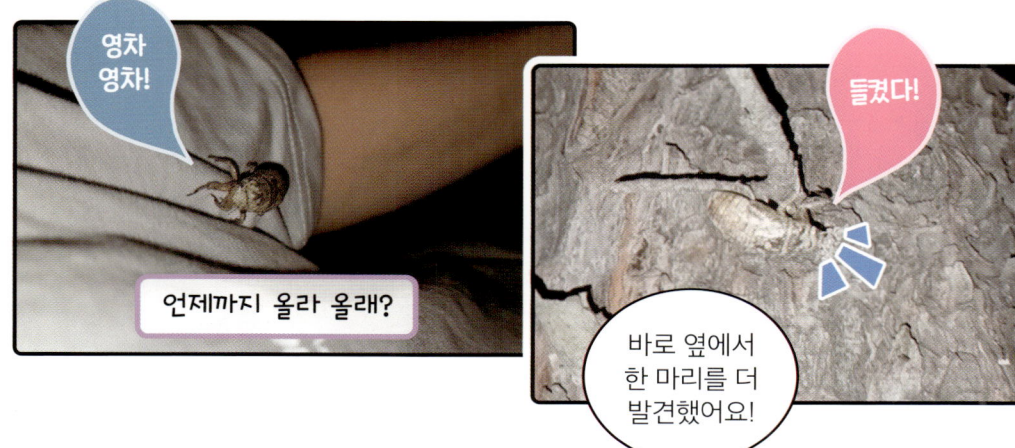

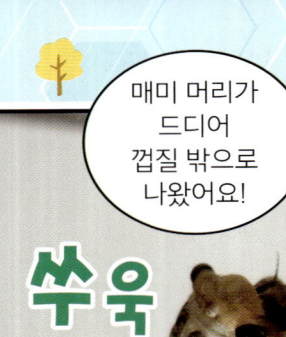

매미 머리가 드디어 껍질 밖으로 나왔어요!

쑤욱

이제 몸도 껍질 밖으로 나오고 있어요. 힘내렴~!

거의 다 됐어!

막 나온 매미가 너무 귀엽지 않나요?

매미의 우화

곤충이 껍질을 벗고 어른벌레가 되는 것을 우화라고 해요. 매미는 땅속에서 무려 3~7년을 애벌레로 살아요. 그동안 무려 열다섯 번 정도의 탈피를 하고요. 매미는 우화하기 위해 애벌레 상태로 땅 위로 나와 나무를 기어올라가요. 그리고 나무에 자리를 잡으면 껍질을 벗고 나와 어른벌레인 매미가 되어 여름을 보내지요.

대롱

대롱

매미는 왕잠자리처럼 매달리기형으로 우화하는데 몸통이 짧다 보니 금방이라도 떨어질 것만 같아요.

제발 무사히 우화를 마쳤으면 좋겠어요.

조심

말려 있던 날개가 거의 펼쳐질 때쯤 매미가 천천히 몸을 일으켜 세우네요.

짠

그러고는 마지막 남은 몸통 끝부분을 꺼내며 세상 밖으로 나오는 데 성공했어요.

no. 005

BASIC ★★★

말매미
Cryptotympana atrata

분류	노린재목 매밋과	크기	몸길이 약 40~48mm
먹이	나무 수액	출현 시기	6월~9월
서식지	나무		

특징

여름 내내 우는 매미는 여름을 대표하는 곤충이다.
몸길이는 40~48mm로 머리가 크고, 두 쌍의 날개를 가지고 있다. 몸은 광택이 나는 검은색인데, 세상에 갓 나온 말매미는 금색 가루에 덮여 있다.
수컷은 배에 발음기가 있어 울음소리를 내고, 암컷은 발음기가 없어 울지 않는다. 수컷의 울음소리는 매우 큰데, 짝짓기를 하기 위해 내는 소리이다.
애벌레는 땅속에서 오랜 시간 나무뿌리의 수액을 먹고 자라다가 때가 되면 땅 밖으로 나와 나무를 타고 올라 껍질을 벗고 어른벌레가 된다. 어른벌레가 된 매미는 약 한 달 정도 산다.

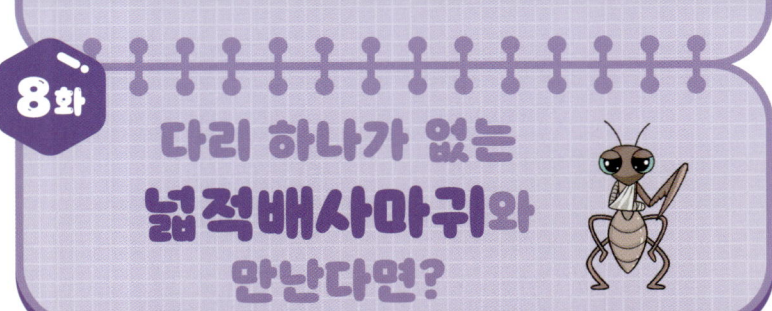

no. 006

BASIC ★☆☆

넙적배사마귀
Hierodula patellifera

분 류	사마귀목 사마귓과
크 기	몸길이 약 40~70mm
먹 이	여러 가지 곤충
출현 시기	8월~10월
서 식 지	산이나 숲의 나뭇가지나 줄기

특징

몸길이는 40~70mm 정도로 왕사마귀보다는 조금 작은 편이다. 몸 색깔은 주로 녹색이지만 드물게 갈색인 경우가 있다. 다른 사마귀와 비교해 앞가슴이 배에 비해 짧고, 겉날개에 한 쌍의 흰색 반점이 있다. 앞다리가 크고, 마디에 황색 돌기가 있는 것이 특징이다.

다른 사마귀들과 달리 산이나 숲의 나뭇가지나 줄기에 살며, 다른 곤충을 잡아먹는다. 사람이 사는 곳 근처에서도 찾아볼 수 있다.

넙적배사마귀의 알집은 한약재로 사용한다.

9화 위기에 빠진 꿀벌을 구조하려면?

늦가을, 마지막 꿀을 따기 위해 여러 곤충이 꽃에 몰려들었어요.

쪽 쪽

꿀은 정말 맛있어!

등에 →

등에

등엣과 곤충으로 벌과 비슷하게 생겼어요. 벌인 척하며 적의 공격을 막기도 하지요. 몸길이는 10mm 정도이고, 애벌레일 때는 진딧물을 잡아먹는답니다. 하지만 등에 중에는 피를 빨아 먹고 사는 종류도 있어요. 그중에도 암컷이 소나 말 등의 피를 빨아 먹는다고 해요.

옆쪽에 있는 녀석은 아주 작네요.

꿀꺽 꿀꺽

빨리 먹고 쑥쑥 자라야지!

네발나비도 찾아왔어요.

네발나비 →

여기 꿀 맛집이네!

등검은말벌 독침 관찰기

그 후, 말벌은 화단을 거침없이 날아다녔어요.

다음 타깃은~?

급기야 등검은말벌은 꿀벌이 많은 양봉장을 발견하고 말았죠.

콰악

꿀벌을 낚아채는 말벌!

말벌은 입구에서 꿀벌이 돌아오기만을 기다렸다가 사냥했어요.

오지 마! 도망가, 얘들아!

콰악

결국 잡히고 마는 꿀벌!

말벌의 독침

말벌은 꽁무니의 독침으로 다른 동물을 찔러서 독을 주입하는 형태로 공격해요. 말벌은 독침을 여러 번 찌르며 공격할 수 있어요. 말벌의 독은 알레르기 반응을 보이는 사람들도 있어서 찔리는 즉시 병원에 가야 해요. 말벌 중에서 가장 큰 장수말벌의 독은 사람의 목숨을 빼앗을 정도로 위험하니 조심해야 한답니다.

등검은말벌의 독침을 살펴볼까요?

핀셋으로 독침을 뽑아 볼게요.

독침이 뽑혀 나오네요.

독침을 뽑으면 내장까지 함께 나오기 때문에 모든 벌들은 침을 뽑으면 죽는답니다.

이게 바로 말벌의 독침이에요.

무시무시한 말벌의 독침!

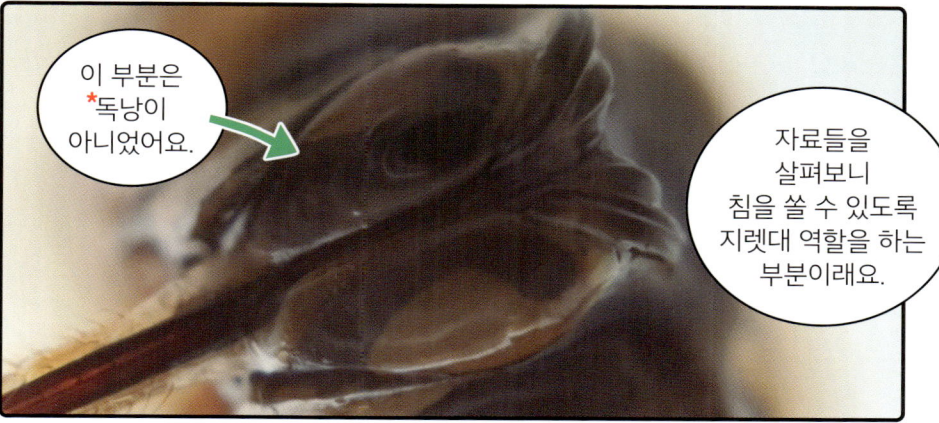

*독낭: 동물의 몸에 있는, 독액이 들어 있는 주머니.

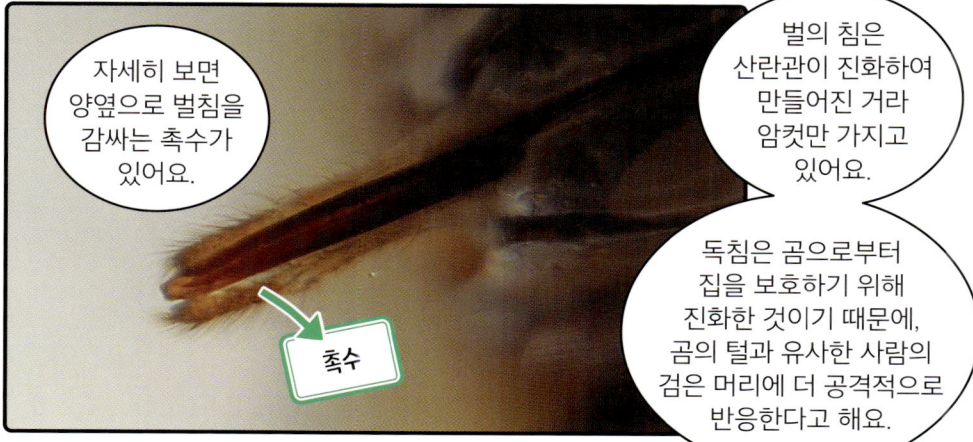

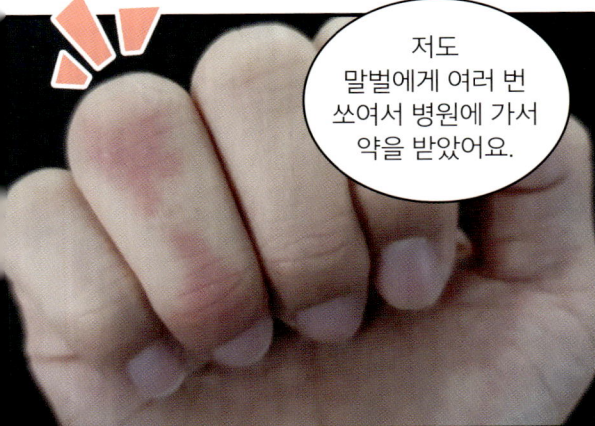

no. 007

BASIC ★☆☆

꿀벌
Apis

분류	벌목 꿀벌과	크기	몸길이 약 12~20mm
먹이	화분 또는 꿀	출현 시기	주로 봄~가을
서식지	나무, 산지		

특징

꿀벌은 몸길이가 약 12~20mm 정도이며, 여왕벌이 가장 크다. 머리와 가슴에는 털이 나 있고, 배에는 굵은 검은색과 노란색 가로띠가 있다. 벌의 눈은 겹눈으로 되어 있고, 예민한 더듬이를 가지고 있어서 냄새도 잘 맡는다. 야생 꿀벌은 주로 산에 살고, 나무 구멍에 집을 만들어 생활한다. 꿀벌은 집단생활을 하는데, 여왕벌과 수벌, 일벌로 나뉜다. 일벌은 꽃에서 꿀을 얻고, 발에 꽃가루를 묻혀 식물이 열매를 맺게 도와준다.
꿀벌은 전 세계에 분포하고 있다.

제발돼라 | 지식 쑥쑥 곤충 사전 | Q&A

곤충의 의사소통 방법을 관찰해 볼까요?

초등 과학 3-2 동물의 생활

자신의 생각을 다른 사람에게 전달할 때는 말이나 행동, 글로 전해요. 의미를 더 잘 전달하기 위해서 표정이나 손짓, 몸짓을 사용하기도 하고요. 가끔 아주 친한 친구와는 굳이 말하지 않아도 눈빛만으로 통할 때가 있지요.

곤충의 경우는 어떨까요? 곤충은 싸움도 하고, 짝짓기도 해요. 상대 곤충의 어떤 신호를 받고 싸우거나 짝짓기를 하는 걸까요? 개미나 꿀벌처럼 단체로 생활하는 곤충은 어떻게 의사소통을 하며 무리를 지어 사는 걸까요?

곤충이 어떻게 다른 곤충과 의사소통을 하는지 자세히 알아볼까요?

Q 소리로 의사소통하기?

A 곤충이 소리를 내는 주된 이유는 짝을 찾기 위해, 또는 같은 곤충에게 위치를 알려 주기 위해서예요. 매미, 여치, 귀뚜라미의 소리는 우리 주변에서 흔하게 들을 수 있어요. 하지만 소리를 내는 건 천적에게 위치를 들킬 수 있다는 치명적인 단점이 있답니다.

매미

Q 시각으로 의사소통하기?

A 시각으로 의사소통하는 것은 집단생활을 하는 벌에게는 대표적인 의사소통 방법이에요. 꿀벌은 많은 양의 꿀을 발견했을 때나 좋은 집터를 발견하면, 다른 꿀벌들에게 그 위치를 알려 주기 위해 원형이나 8자 모양으로 춤을 춘답니다.

벌

흥미 팡팡 곤충 이야기

Q 화학 물질로 의사소통하기?

A 페로몬은 동물이 몸 밖으로 내보내는 화학 물질이에요. 개미는 먹이를 발견했을 때 페로몬을 남겨서 동료들이 그 냄새를 따라 먹을 것을 찾아갈 수 있도록 해요. 곤충의 암컷은 페로몬을 이용해 수컷에게 자신의 위치를 알려 주기도 한답니다.

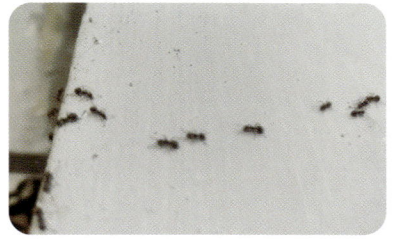

페로몬을 따라가는 개미

Q 접촉으로 의사소통하기?

A 무리를 지어 집단으로 생활하는 곤충은 더 확실한 의사소통을 위해 직접 접촉해요. 벌은 어둡고 시끄러운 집에서 다른 벌에게 먹이의 위치를 알려 주기 위해 더듬이를 접촉해서 의사를 전달해요. 개미도 더듬이끼리 접촉해서 의사전달을 한답니다.

더듬이끼리 접촉하는 개미

➡ 흥미 팡팡 곤충 이야기

가을을 알리는 곤충 소리는?

가을이 온 것을 알려 주는 대표적인 풀벌레 소리로는 귀뚜라미 소리가 있어요. 귀뚜라미는 몸길이가 17~21mm 정도이고, 죽은 곤충의 사체나 풀을 먹는 잡식성 곤충이에요. 주로 밤에 활동하기 때문에 밤이 되면 귀뚜라미 노랫소리를 더 잘 들을 수 있지요. 귀뚜라미가 우는 주된 이유는 짝을 찾기 위해서예요. 두 날개의 가운데를 비벼서 소리를 내는데, 그 소리가 마치 방울 소리 같아서 방울벌레라고도 하지요. 풀벌레 울음소리라고 하면 귀뚜라미 소리가 대표적이라서 만화나 동화에서는 노래하는 곤충으로 많이 등장해요.

10화 느릿느릿 달팽이 관찰하기

아프리카왕달팽이 (백와달팽이)

오늘 소개할 친구는 백와달팽이예요.

수명은 1~6년인데, 간혹 10년 정도 키웠다는 분들도 계시더라고요.

동면에 들어가면 껍질 입구에 투명한 막이 생겨요.

동면에 들어갈 것 같을 때나 집 청소를 할 때 따뜻한 물로 목욕을 시켜 주면 좋다고 해요.

달팽이는 암컷인 동시에 수컷인 자웅 동체 동물이에요.

자웅 동체라고 해도 혼자서는 산란을 할 수 없고, 다른 달팽이와 짝짓기를 해야 번식이 가능해요.

자웅 동체

하나의 개체가 암컷과 수컷의 생식소를 모두 가지고 있는 것을 자웅 동체라고 해요. 암수한몸이라고도 부르지요. 보통 무척추동물이나 식물에서 쉽게 찾아볼 수 있어요. 식물의 경우는 '자웅 동주'라고 하지요. 달팽이나 지렁이, 거머리 같은 동물이 대표적인 자웅 동체 생물이에요.

안녕!

잘 부탁해!

잠시 후

달팽이가 식사를 마쳤어요.

자세히 보면 이빨 자국이 보여요. 달팽이는 약 2만 개의 이빨을 가지고 있다고 해요.

혀에 돌기가 난 것 같은 이빨을 갖고 있고, 치설이라고 해요.

달팽이 집 만드는 방법은 간단해요.

적당한 크기의 사육장에 코코피트를 넉넉하게 깔면 돼요.

와르르

달팽이는 수분이 많이 필요하기 때문에 분무기로 물을 촉촉하게 뿌려 줄게요.

촉촉하니 좋구먼.

그리고 먹이와 함께 달팽이를 넣어 주면 돼요.

달팽이는 어두운 곳을 좋아해서 사육장은 반드시 해를 피해 놓아야 해요.

아늑한 우리 집!

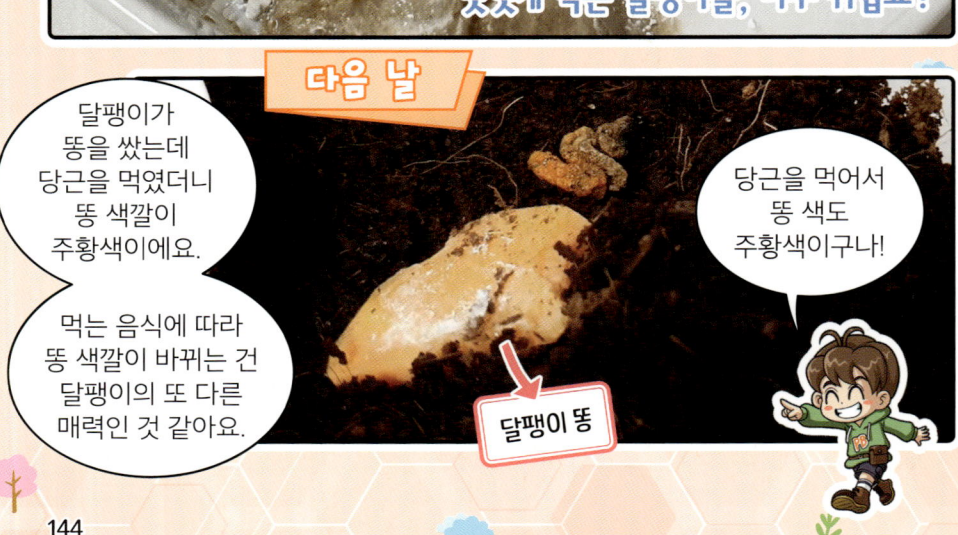

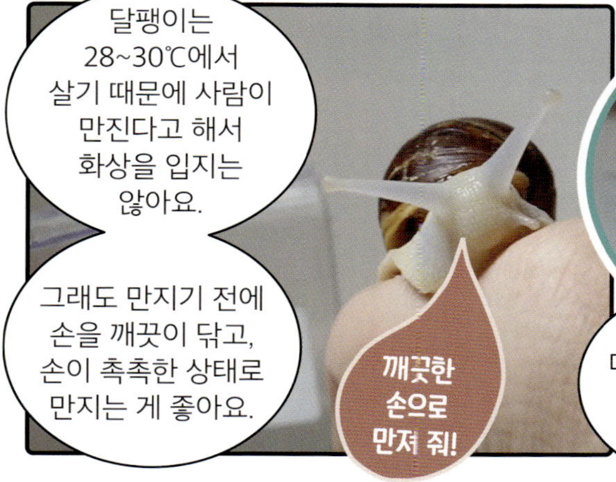

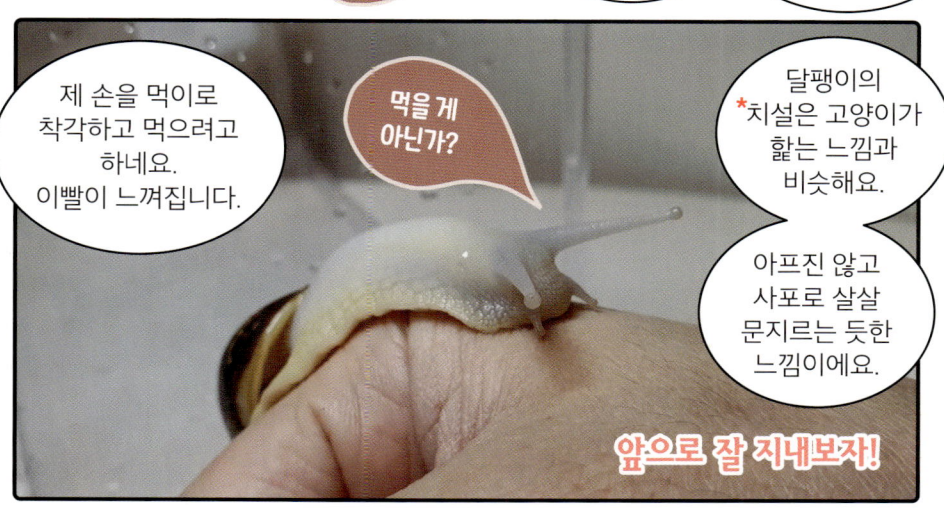

*치설: 연체동물의 입 속에 있는 줄 모양의 기관.

no. 008

BASIC ★☆☆

달팽이
Acusta despecta sieboldiana

분 류	병안목 달팽잇과	크 기	몸길이 약 0.1~38cm
먹 이	식물, 이끼, 버섯 등		
서식지	논이나 풀숲 등 습기가 많은 곳		

특징

달팽이는 보통 딱딱한 껍데기를 가지고 있는 연체동물이다. 사진의 달팽이는 아프리카왕달팽이(백와)로 몸길이는 약 12cm 정도이다. 껍데기가 없는 달팽이도 있는데, 이런 달팽이를 민달팽이라고 한다.
몸은 신축성이 좋아서 배를 발처럼 사용하여 이동하고, 바닥과의 마찰을 줄이기 위해 몸에서 점액을 분비한다. 더듬이 같이 생긴 눈을 가지고 있는데, 시력은 거의 없다. 피부로 호흡하기 때문에 해를 피해 낮에는 껍데기 속에 들어가 있거나 돌 아래에 숨어 있다가 습기가 많은 밤에 나와 풀이나 나무 위에서 잎을 갉아 먹는다.
주로 온대, 열대 지방에 분포한다.

11화 새집으로 이사하는 깜찍이 햄스터

이 친구는 설치류로, 땅콩이라는 이름을 가진 햄스터예요.

어떻게하면 햄스터와 친구가 될 수 있을까요?

설치류

포유류의 하나로 쥐 종류를 말해요. 몸길이는 5~7cm로 작은 것도 있지만, 카피바라처럼 1~1.3m 정도 되는 커다란 것도 있어요. 위아래로 한 쌍의 커다란 앞니를 가지고 있어요. 보통 앞발은 다섯 개의 발가락이 있고, 뒷발에는 갈고리발톱이 있어요. 다람쥐, 청설모, 뉴트리아, 햄스터, 비버 등이 대표적인 설치류 동물이에요.

나랑 친구가 되고 싶어?

해바라기씨다!

덥석

욤욤

먹이나 간식을 하루에 한두 번씩 직접 손으로 주세요.

햄스터는 해바라기씨를 매우 좋아하지만 해바라기씨는 지방이 많고, 칼로리가 높아 하루에 한두 개만 주는 것이 좋아요.

맛있으면 0칼로리 아냐?

*은신처: 몸을 숨기는 곳.

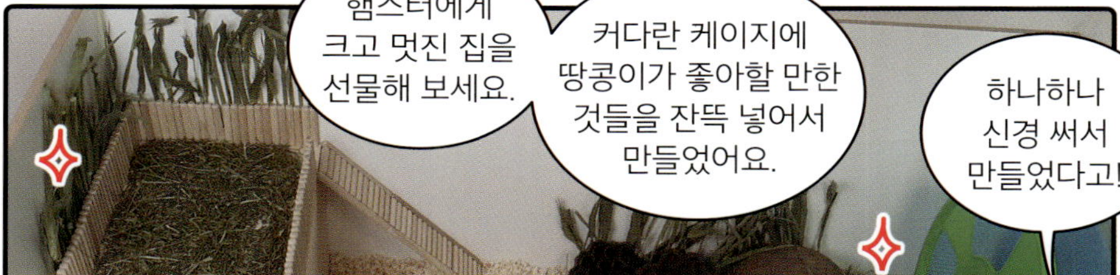

no. 009

BASIC ★☆☆

햄스터
Mesocricetus auratus

분류	쥐목 비단털쥣과
크기	몸길이 약 12~15cm, 꼬리 길이 약 1.5~2.5cm
먹이	잡식성
서식지	굴

특징

몸길이는 12~15cm이고, 꼬리 길이는 1.5~2.5cm로 짧다. 몸은 작고 통통하며, 먹이를 잔뜩 저장할 수 있는 큰 볼주머니를 가지고 있다. 햄스터는 반려동물이나 실험용으로 많이 기른다. 야생에서는 천적이 많기 때문에 굴에서 생활한다. 야행성이라 낮에는 굴에서 잠을 자는데, 이러한 굴에 화장실과 먹이를 모으는 곳을 따로 만들어서 생활한다. 잡식성이기 때문에 곡물이나 작은 곤충, 개구리도 먹는다. 야생의 햄스터는 겨울이면 동면에 들어간다. 반려동물의 경우에도 겨울에 따뜻하지 않으면 동면을 한다.
야생종은 동유럽, 이란, 루마니아, 불가리아 등에 분포한다.

12화 병아리 그레이의 닭 성장기

새 친구를 맞이할 준비 중이에요.

큰 통에 톱밥을 깔고,

물통과 밥통도 놓아 줄게요.

스윽

오늘의 주인공은 병아리예요. 이 친구의 이름은 그레이지요.

아늑한 집이야!

만족

밥을 줄게요. 밀웜이에요.

이게 뭐야?

no. 010 BASIC ★☆☆

닭
Gallus domesticus

| 분류 | 닭목 꿩과 | 크기 | 몸무게 약 0.5~6.5kg |

- **먹이**: 씨앗이나 풀씨, 잎, 벌레 등 잡식성
- **서식지**: 야생에서는 숲과 들에 살지만 대부분 가축으로 기름

특징

몸무게가 약 0.5~6.5kg 정도로 조류 중에서는 중형 정도의 크기이지만, 날지 못한다. 머리에는 붉은 볏이 있고, 날개는 퇴화해 다리가 튼튼하다. 몸은 갈색, 흰색, 검은색, 회색 등 다양한 색의 깃털로 덮여 있다.

잡식성이라 작은 씨앗이나 잎을 먹고, 벌레 등을 잡아먹기도 한다. 보통 수명은 7~13년이고, 태어난 지 170~200일 정도가 되면 번식할 수 있게 된다.

약 3000~4000년 전, 달걀과 고기를 얻기 위해 야생 닭을 잡아 집이나 농장에서 가축으로 기르기 시작한 것으로 추측된다. 지금은 대표적인 가축이 되었고, 전 세계에 분포하고 있다.

연체동물이란 무엇일까요?

초등 과학 5-1 다양한 생물과 우리 생활

우리 주변에는 다양한 동물이 살고 있어요. 달팽이도 그중 하나지요. 달팽이는 더듬이 같이 생긴 눈을 가지고 있고, 딱딱한 껍질을 등에 지고 있어요. 하지만 곤충은 아니랍니다. 달팽이처럼 몸이 부드러운 동물을 연체동물이라고 해요. 곤충과 척추동물 다음으로 수가 많고 종류도 다양하지요.

연체동물은 뼈가 없어요. 달팽이, 조개, 문어, 오징어 등이 있지요. 이 동물들은 다른 동물과 어떤 차이가 있을까요?

연체동물을 관찰하며 그 특징에 대해 탐구해 볼까요?

Q 몸이 부드러운 연체동물은?

A 뼈가 없고 몸이 부드러운 동물인 연체동물 하면 머리 하나에 다리가 여러 개 달린 문어나 오징어가 대표적이에요.

머리는 눈이 있는 부분에 아주 작게 있어요. 문어나 오징어, 낙지 같은 연체동물은 아주 작은 개체부터 대왕이라는 이름이 붙을 정도로 커다란 개체까지 여러 종류가 있어요. 대서양에서는 크기가 무려 15m나 되는 대왕오징어가 발견되기도 했었답니다. 몸을 보호할 수 있는 껍데기나 뼈가 없기 때문에 위험에 처하면 먹물을 뿜고 빠르게 움직여서 몸을 피해요.

문어

오징어

흥미 팡팡 곤충 이야기

Q 딱딱한 껍질을 가진 연체동물은?

A 소라, 달팽이, 전복, 조개 같이 부드러운 몸을 딱딱한 껍데기로 감싼 연체동물도 있어요. 딱딱한 껍데기는 피부가 자라서 만들어진 거예요. 이런 동물은 문어나 오징어처럼 빠르게 움직일 수 없었어요. 그래서 위험에 빠지면 몸을 딱딱한 껍데기 속으로 숨기죠. 전복이나 달팽이는 껍데기가 하나지만, 조개나 굴은 딱딱한 껍데기 두 장으로 몸을 감싸고 있어요. 껍데기를 자세히 보면 나이테처럼 무늬가 있는데, 조금씩 자라고 있는 흔적이에요.

달팽이

피뿔고둥

흥미 팡팡 곤충 이야기

괴물이 되고, 점쟁이가 된 연체동물이 있다고요?

크라켄은 신화에 나오는 무서운 바다 괴물이에요. 여러 개의 촉수를 뻗어 배를 공격한다고 전해지죠. 상상 속 괴물로만 생각했던 크라켄이 사실은 거대한 오징어였다고 생각하게 만든 사건이 있었어요. 몸길이가 18m, 무게가 1톤이나 되는 대왕오징어의 사체가 발견되었던 거죠.

한편, 문어 파울은 2008~2010년 독일 대표팀의 축구 경기 결과를 족집게 점쟁이처럼 맞혔어요. 열세 개 경기 중 열한 경기의 결과를 맞혔지요. 실제로 문어의 지능은 미로도 빠져나올 수 있을 정도로 높은 편이라고 해요.

크라켄 상상화

제발돼라 곤충 정보 왕

곤충일까 아닐까?

곤충은 몸이 머리, 가슴, 배로 나뉘고
다리가 세 쌍인 절지동물의 한 분류예요.
절지동물은 겉껍질이 단단하고 팔다리 등 몸이 마디로 된 동물이지요.
그런데 곤충인지 아닌지 헷갈리는 동물도 많이 있어요.
우리 주변에 보이는 동물 중에 곤충과 곤충이 아닌 것을
구별할 수 있을까요?

지네

몸길이가 0.5~30cm인 지네는 몸의 마디가 무척 많으며, 마디마다 한 쌍의 다리를 가지고 있어요. 적으면 15쌍, 많으면 무려 170쌍의 다리를 가지고 있어요. 곤충과 달리 다리가 많은 지네는 절지동물 중에서 다지류에 속해요.

지네는 곤충일까?

진딧물

나무의 풀이나 잎, 가지 등에 붙어서 진을 빨아 먹는 진딧물은 해충으로 분류돼요. 몸 크기가 2~4mm 정도로 무척 작아서 자세히 관찰하지 않으면 보기 힘들어요. 진딧물은 세 쌍의 다리를 가진 곤충이에요.

진딧물은 곤충일까?

이 동물들이 곤충인지 아닌지 알려 줄게!

집게벌레

배 끝에 커다란 집게를 달고 다니는 집게벌레는 산지나 평지, 집에서도 볼 수 있는 곤충이에요. 잡식성이고, 몸길이는 약 2~3cm예요. 집 안의 축축한 곳이나 낙엽, 돌 밑에 살고 전 세계에 분포하고 있어요.

집게벌레는 곤충일까?

지렁이

몸이 마디로 되어 있지만 지렁이는 곤충이 아니에요. 몸길이도 작은 것은 2~5mm 정도지만 큰 것은 2~3m에 달하지요. 몸이 길쭉한 원통형으로 환형동물로 분류되는데, 곤충과 달리 다리를 갖고 있지 않아요.

지렁이는 곤충일까?

쥐며느리

쥐며느리는 우리 주변에서 흔히 볼 수 있는 벌레 중 하나예요. 몸을 둥글게 말고 있는 모습 때문에 콩벌레라고도 해요. 몸길이는 1cm 정도예요. 납작하고 길쭉한 몸을 가지고 있는데 몸의 대부분이 가슴이에요. 다리가 열 개인 쥐며느리는 절지동물 중 갑각류에 속해요.

쥐며느리는 곤충일까?

제발돼라 곤충 퀴즈 왕

 아래 보기를 잘 읽고, 빈칸을 채워 가로 세로 퍼즐을 완성해 보세요.

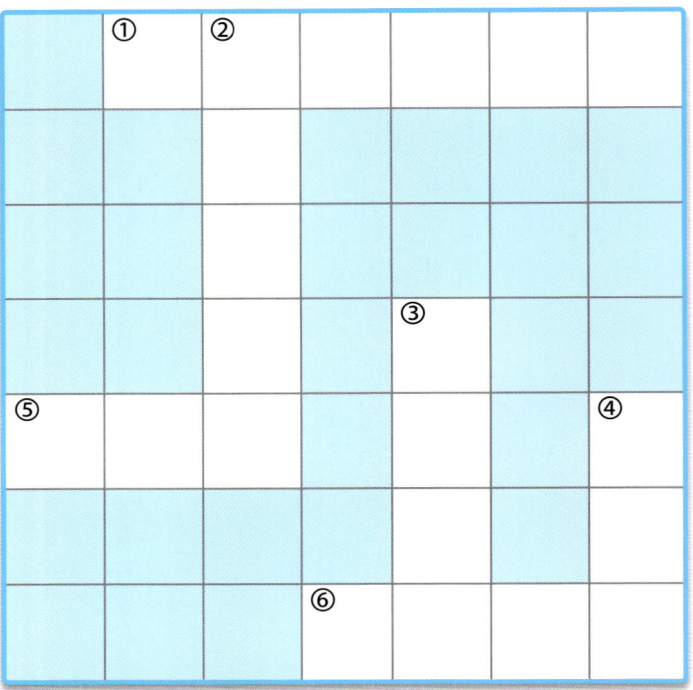

가로 열쇠
① 송장처럼 물에 누워서 헤엄을 치며, 갈고리 같은 앞다리가 있는 곤충.
⑤ 더듬이 같이 생긴 눈이 있으며, 딱딱한 껍데기를 가진 연체동물.
⑥ 뼈가 없고, 부드러운 몸을 가지고 있는 동물의 한 분류.

세로 열쇠
② 대형 딱정벌레 중 하나. 수컷은 뿔이 있고, 힘이 세서 사슴벌레나 장수말벌도 들어 올려서 던져 버린다.
③ 하나의 개체에 암컷과 수컷의 생식소를 모두 가진 것을 이르는 말.
④ 몸 크기가 2~4mm 정도로, 나뭇잎 등에 달라 붙어서 진을 빨아 먹는 해충.

2 문제를 잘 읽은 뒤, 곤충 상식이 맞으면 ○, 틀리면 ×에 체크해 보세요.

① 폭탄먼지벌레는 먹이를 먹고 나면 독가스를 쏜다. ○ ×

② 배회성 거미는 거미줄을 치고 먹이를 잡는다. ○ ×

③ 황닷거미는 곤충이 아니다. ○ ×

④ 곤충이 탈피를 거쳐 어른벌레가 되는 것을 우화라고 한다. ○ ×

⑤ 말벌은 독침을 쏘고 나면 곧바로 죽는다. ○ ×

3 문제를 잘 읽은 뒤, 빈칸에 핵심 단어를 써 보세요.

① 송장헤엄치개나 물방개처럼 □에서 사는 곤충을 수서 곤충이라고 한다.

② 개미는 다른 개미와 더듬이를 접촉해서 □□□□을 한다.

초등 필수템 수학을 마스터하는 특별한 방법!

무한의 계단을
수학 학습 만화로 만나다!

책 속 특별 부록

초등 필수템 수학과 친해지는 특별한 방법

1 재미와 지식을 모두 잡은 본격 수학 학습 만화!

2 초등 필수 수학 개념 완벽 정리!

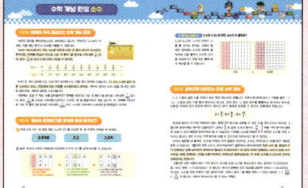

3 지식의 폭을 넓히는 융합 수학 이야기 수록!

INFINITE STAIRS ⓒ NFLY STUDIO, All Rights Reserved.

문의 전화 : (02)791-0752

서울문화사

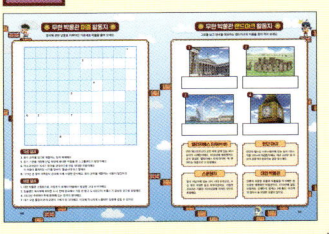

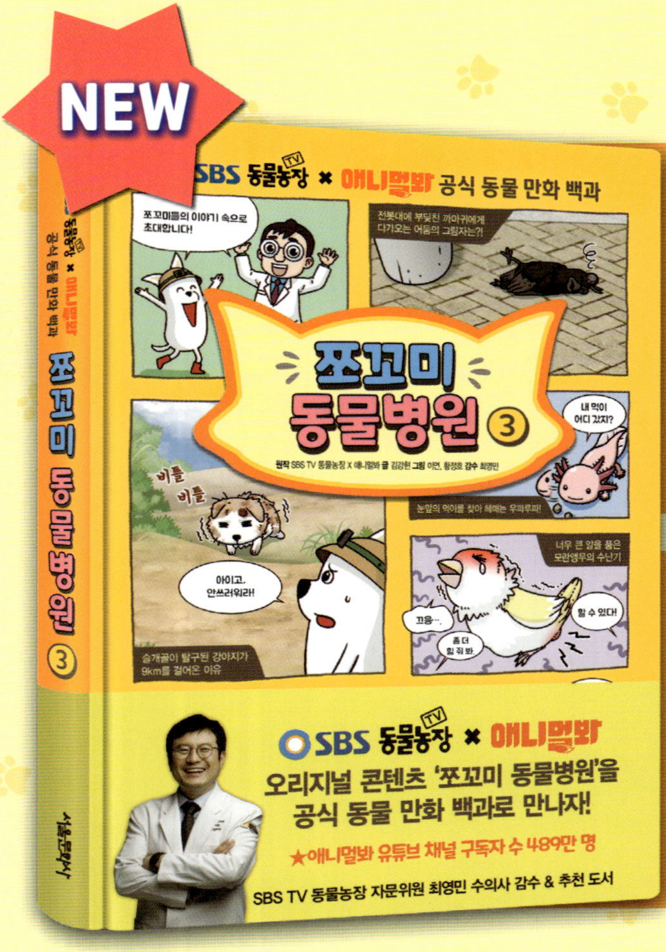

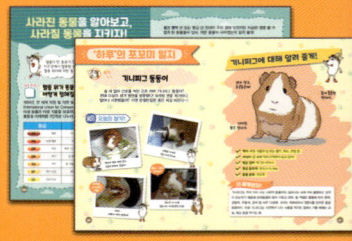

정답

1 ① 송장헤엄치개　② 장수풍뎅이　③ 자웅동체
　　④ 진딧물　⑤ 달팽이　⑥ 연체동물

2 ① ×　② ×　③ ○　④ ○　⑤ ×

3 ① 물　　② 의사소통